BEI GRIN MACHT SICH IHR WISSEN BEZAHLT

- Wir veröffentlichen Ihre Hausarbeit,
  Bachelor- und Masterarbeit

- Ihr eigenes eBook und Buch -
  weltweit in allen wichtigen Shops

- Verdienen Sie an jedem Verkauf

Jetzt bei www.GRIN.com hochladen
und kostenlos publizieren

Jörg Hurlin

Die Haftungsregelung im deutschen Gentechnikrecht

Überblick über die Entstehungsgeschichte bis zu den heutigen Reformplänen unter besonderer Berücksichtigung des §§ 32-36 GenTG

GRIN Verlag

Bibliografische Information der Deutschen Nationalbibliothek:

Die Deutsche Bibliothek verzeichnet diese Publikation in der Deutschen National-
bibliografie; detaillierte bibliografische Daten sind im Internet über http://dnb.d-
nb.de/ abrufbar.

Impressum:

Copyright © 2007 GRIN Verlag GmbH
Druck und Bindung: Books on Demand GmbH, Norderstedt Germany
ISBN: 978-3-640-18246-6

Dieses Buch bei GRIN:

http://www.grin.com/de/e-book/115863/die-haftungsregelung-im-deutschen-gen-
technikrecht

Jörg Hurlin

Die Haftungsregelung im deutschen Gentechnikrecht

Überblick über die Entstehungsgeschichte

bis zu den heutigen Reformplänen

unter besonderer Berücksichtigung des §§ 32-36 GenTG

Themenzentriertes Seminar im wissenschaftlichen

Studiengang Agrarwissenschaften

an der Georg-August-Universität Göttingen,

Fakultät für Agrarwissenschaften

Prüfungsfach: Themenzentriertes Seminar

Studienrichtung: Agribusiness

Angefertigt im: Institut für Landwirtschaftsrecht

Abgabetermin: 27. April 2007

Inhaltsübersicht

Abkürzungsverzeichnis

Abs.	Absatz
AG	Aktiengesellschaft
Art.	Artikel
BbergG	Bundesberggesetz
BGB	Bürgerliches Gesetzbuch
BMELV	Bundesministerium für Ernährung, Landwirtschaft, und Verbraucherschutz
BMFT	Bundesministerium für Forschung und Technologie
BMJFFG	Bundesministerium für Jugend, Familie, Frauen und Gesundheit
BR	Bundesregierung
CDU	Christlich-Demokratische Union Deutschlands
CSU	Christlich-Soziale Union Deutschlands
DBV	Deutscher Bauernverband
DFG	Deutsche Forschungsgemeinschaft
DIB	Deutsche Industrievereinigung Biotechnologie
EU	Europäische Union
GenTG	Gesetz zur Regelung der Gentechnik
GenTNeuordG	Gesetz zur Neuordnung des Gentechnikrechts
GVO	Genetisch veränderte Organismen
GVP	Genetisch veränderte Pflanzen
i. V. m.	in Verbindung mit
NL-BzAR	Neue Landwirtschaft-Briefe zum Agrarrecht
NuR	Natur und Recht
ProdHaftG	Produzentenhaftungsgesetz
RL	Richtlinie
SPD	Sozialdemokratische Partei Deutschlands
UmweltHG	Umwelthaftungsgesetz
UPR	Umwelt- und Planungsrecht
USA	Vereinigte Staaten von Amerika
VO	Verordnung
ZRP	Zeitschrift für Rechtspolitik

A. Einleitung

Die Erfahrungen in verschiedenen Rechtsbereichen haben gezeigt, dass es in bestimmten Technologiegebieten, die vom wissenschaftlichen und technischen Fortschritt geprägt sind, neben der Optimierung der Sicherheitsvorschriften notwendig ist, im möglichen Schadensfall einen ausreichenden Haftungsschutz vorzusehen[1]. Deshalb kann den von Grünen Gentechnik hervorgerufenen Risiken nur durch effektive Haftungsregelungen und dem damit verbundenen Präventionseffekt sachgerecht Rechnung getragen werden[2]. Die Frage nach geeigneten Haftungsregelungen im Schadensfall zieht sich durch die gesamte Geschichte der Gentechnik bis zur aktuellen Reformdiskussion und hat bis zum heutigen Tage weder an politischer, wirtschaftlicher noch an rechtlicher Brisanz verloren.

Im Laufe der Jahre hat sich jedoch aufgrund der Zahl der Gesetze und Inhalte sowie durch die sinkende Beständigkeit der sich ablösenden Novellen ein „Chaos" im Gentechnikrecht manifestiert, welches für den Leihen, den Kenner und sogar den Gesetzgeber selbst schwer überschaubar ist[3].

Ziel der vorliegenden Arbeit ist es deshalb, die Haftungsregelungen im deutschen Gentechnikrecht übersichtlich darzustellen. Es wird zunächst grundlegend auf Haftungsfragen Grüner Gentechnik und dabei auf mögliche Schäden sowie Haftungsregelungen eingegangen. Es folgt die Entwicklungsgeschichte der Haftung im Gentechnikrecht. Diese Darstellung setzt bereits vor dem Inkrafttreten des ersten Gentechnikgesetzes an, beleuchtet dann insbesondere die §§ 32-36 GenTG und geht auf die weiteren Änderungsgesetze ein. In Kapitel D werden aktuelle Reformpläne und die Regelung der Haftungsfrage durch ein Fondsmodell vorgestellt, bevor wesentliche Inhalte und Ergebnisse abschließend kurz zusammengefasst werden.

---

[1] *Hirsch/Schmidt-Didczuhn*, GenTG, S. 468, Rdnr. 1
[2] *Kang*, Haftungsprobleme in der Gentechnologie, S. 45
[3] *Wegener*, Gentechnikrecht und Landwirtschaft, S. 82

B. Haftungsfragen der Grünen Gentechnik

Dass sich die Grüne Gentechnik als eine zukunftsträchtige Technologie erwiesen und etabliert hat, wird immer weniger in Frage gestellt. Die Diskussion hat sich deshalb heute auf einige bestimmte Bereiche verlagert. Einer dieser Bereiche betrifft die Bedenken und Sorge unserer Gesellschaft, wer für Schäden haftet, die ein in Verkehr gebrachtes Produkt der Gentechnologie verursacht[4]. Da Regelungen des Haftungsrechts gerade in der Gentechnik von großer Bedeutung sind, wird einführend auf mögliche Schäden und Haftungsregelungen eingegangen, deren Notwendigkeit sich aus der Kultivierung gentechnisch veränderter Pflanzen (GVP) ergeben kann.

I. Schadenspotenzial der neuen Technologie

Die Ausbreitung genetisch veränderter Organismen (GVO) durch den Anbau von GVP kann als ein ökologisches wie auch ökonomisches Problem angesehen werden[5]. Der Anbau von GVP kann eine schleichende Kontamination durch Auskreuzung von GVO in benachbarte Felder mit konventionellem oder ökologischem Anbau zur Folge haben. Dies kann schon bei geringem Ausmaß für den konventionellen und vor allem ökologischen Landbau zu Vermarktungsproblemen führen, wenn die Erzeugnisse nicht mehr als gentechnikfrei oder ökologisch veräußert werden können[6]. Neben diesen *Vermarktungsschäden* existiert die Gefahr weiterer potentieller Schäden, die zu Konflikten führen können. Als *biologischer Schaden* wird eine Verringerung der Biodiversität diskutiert, die sich in einem möglichen Konkurrenzvorteil transgener Kulturpflanzen äußert[7]. Desweiteren werden in GVP neue Proteine exprimiert, deren möglicherweise allergenes Potenzial *Gesundheitsschäden* hervorrufen könnte[8].

---

[4] *Wildhaber*, Produkthaftung im Gentechnikrecht, S. 1
[5] *Rehbinder*, NuR 2007, S. 115
[6] *Rutz*, Europäischer Verbraucherschutz, S. 1
[7] *Hacker/Friedrich*, BIOspektrum 2005, S. 185
[8] *TRANSGEN*, Mehr Allergien durch Gentechnik?

II. Notwendigkeit von Haftungsregelungen

Um den entsprechenden Gefahrenpotenzialen gerecht zu werden bedarf es Haftungsmechanismen[9], die z. B. einen Schadensausgleich zu den durch die hohe Auskreuzungswahrscheinlichkeit entstehenden finanziellen Verlusten der konventionellen Landwirte schaffen. Entsprechende Regelungen erfüllen nicht nur die Funktion des Schadensausgleichs, sondern stellen auch ein konformes Mittel zur Gefahrenabwehr und Prävention dar, indem sie dem Anwender Anreize geben die Sicherheitsmaßnahmen zu optimieren, sodass Schäden möglichst verhindert werden können[10]. Öffentlich-rechtliche Regelungen sind in diesem Zusammenhang wichtiger als privatrechtlicher Haftungsschutz. Im Falle der Gentechnologie ist nämlich die vorherige Prävention des Schadens bedeutender als der Schadensausgleich beim gentechnologischen Unfall, da eine Wiederherstellung normalerweise sehr schwierig oder nicht durchführbar ist[11].

Grundsätzlich ist das deutsche Haftungsrecht auf zwei wesentlichen Zurechnungsprinzipien aufgebaut, die sich in die Verschuldens- und Gefährdungshaftung aufteilen lassen. Das Zurechnungskriterium der Verschuldenshaftung ist das Maß der individuell verwirklichten Schuld. Im Gegensatz dazu setzt die Gefährdungshaftung ein rechtswidriges und schuldhaftes Verhalten nicht voraus[12]. Bei gentechnologischen Unfällen kommen für den Schadensausgleich in erster Linie deliktische Ansprüche, insbesondere ein Anspruch wegen Verletzung der Verkehrssicherungspflicht in Betracht. Da aufgrund der Komplexität von GVO in vielen Fällen kein Verschuldensnachweis erbracht werden kann, ist eine auf § 823 BGB gestützte Verschuldenshaftung für einen Schadensausgleich nicht ausreichend. Dies legt den Versuch nahe, Schäden durch GVO durch eine Gefährdungshaftung zu erfassen[13]. Die Entstehung und Weiterentwicklung ebendieser steht im Mittelpunkt der weiteren Betrachtung der Haftungsfrage.

---

[9] *Rutz*, Europäischer Verbraucherschutz, S. 2
[10] *Wildhaber*, Produkthaftung im Gentechnikrecht, S. 2
[11] *Kang*, Haftungsprobleme in der Gentechnologie, S. 17
[12] *Kang*, Haftungsprobleme in der Gentechnologie, S. 47
[13] *Kang*, Haftungsprobleme in der Gentechnologie, S. 45

C. Entwicklungsgeschichte der Haftung im Gentechnikrecht

Die Entwicklung der Gentechnik nahm in den 70er Jahren des letzten Jahrhunderts in den USA ihren Anfang. Der technologische Vorsprung der USA konnte in Deutschland in den 80er Jahren zumindest in Teilgebieten der Forschung wieder aufgeholt werden[14]. Jedoch wurde die Anwendbarkeit dieser Technologie durch eine jahrelange Diskussion um die industrielle Nutzung der Gentechnik gehemmt[15]. Erst 1990 wurde mit dem Inkrafttreten des GenTG eine eindeutige gesetzliche Grundlage geschaffen, welche Mensch und Umwelt vor möglichen Risiken der Gentechnik schützen sollte. Dennoch konnte dieses Gesetz die Diskussion über die Regelung der Gentechnik nicht beenden und es folgten in den kommenden Jahren eine Vielzahl von Novellierungen und Gesetzesänderungen[16]. Nachstehend wird deshalb ein Überblick über die Entwicklung der rechtlichen Gestaltung der Haftung im deutschen GenTG gegeben.

I. Rechtliche Situation vor Inkrafttreten des GenTG

Als zu Beginn der 70er die ersten Versuche zur Neukombination von Nukleinsäuren und deren Klonierung gelangen, war selbst die Wissenschaft durch das Gefahrenpotenzial der neuen Technologie verunsichert. Im Februar 1975 nach der Konferenz von Asilomar (USA) erließ das amerikanische National Institute of Health schließlich sehr ausführliche Richtlinien für die Forschung im Bereich molekularer Gentechnik[17]. Daraufhin gab auf europäischer Ebene die European Science Foundation Empfehlungen an ihre Mitglieder weiter, dem Beispiel der USA zu folgen und Richtlinien zu erlassen[18].

Die Bundesregierung kam dieser Aufforderung nach und beschloss bereits am 15.2.1978 die „Richtlinien zum Schutz vor Gefahren durch in-vitro neukombinierte Nukleinsäuren (sog. Gen-RL)". Es handelte sich dabei um eine Verwaltungsvorschrift, die für staatlich geförderte

---

[14]*Brocks/Pohlmann/Senft*, Das neue Gentechnikgesetz, S. 12-13
[15]*Ronellenfitsch*, Die Entwicklung des Gentechnikrechts, S. 300
[16]*Kang*, Haftungsprobleme in der Gentechnologie, S. 39
[17]*Dolde*, Gentechnikhaftung in Europa, S. 19
[18]*Kang*, Haftungsprobleme in der Gentechnologie, S. 26

Forschungs- und Entwicklungsarbeiten verbindlich war[19]. Obwohl sich das Kontrollsystem dieser Richtlinien durch freiwillige Selbstbindung der privaten Forschungseinrichtungen bewährt hatte, musste man feststellen, dass bestimmte Bereiche der Gentechnik wie die staatlich nicht geförderte Industrieforschung und die industrielle Anwendung nur lückenhaft rechtsverbindlich reglementiert waren[20]. So erkannte die Bundesregierung bereits damals die Bedeutung eines umfassenden Gesetzes, da im Schadensfall, als Ausnahme von der Regelhaftung wegen Verschuldens, jede objektive Haftung (Gefährdungshaftung) einer gesetzlichen Regelung bedarf[21].

1. Deutsche Gesetzesvorhaben der Jahre 1978 und 1979

Folgerichtig und im Zuge der Schaffung der Gen-Richtlinien legte das Bundesministerium für Forschung und Technologie (BMFT) im Juni des selben Jahres bereits den ersten Referentenentwurf eines „Gesetzes zum Schutz vor Gefahren der Gentechnologie" vor, der hauptsächlich auf Regelungen der genetischen Forschung ausgerichtet war. Dieser wurde jedoch aufgrund ablehnender Stellungnahmen deutscher Forschungsgemeinschaften zurückgezogen[22].

Etwa ein Jahr später wurde ein zweiter Referentenentwurf bekanntgegeben. Als Haftungsregelung sah dieser Entwurf bereits eine echte, unwiderlegbare Gefährdungshaftung vor[23]. Zum einen am Widerstand von Industrie und Forschungsorganisationen, zum anderen aber auch am Desinteresse der Öffentlichkeit scheiterte dieser zweite Gesetzesentwurf ebenso[24]. Da sich zum damaligen Zeitpunkt die Gentechnik hauptsächlich auf den Bereich der Forschung beschränkte und die Sicherheitsanforderungen der Gen-RL als ausreichend angesehen wurden, verzichtete die Bundesregierung im Jahre 1981 vorerst darauf den Erlass eines GenTG weiterzuverfolgen[25].

---

[19]*Brocks/Pohlmann/Senft*, Das neue GenTG, S. 14
[20]*Kang*, Haftungsprobleme in der Gentechnologie, S. 29
[21]*Werner*, Gentechnikhaftung, S. 83
[22]*Hirsch/Schmidt-Didczuhn*, GenTG, S. 4, Rdnr. 6
[23]*Kang*, Haftungsprobleme in der Gentechnologie, S. 66
[24]*Werner*, Gentechnikhaftung, S. 88
[25]*Brocks/Pohlmann/Senft*, Das neue GenTG, S. 51-52

2. *Empfehlungen der Enquete - Kommission*

Auf Empfehlung des Forschungsausschusses setzte der Bundestag dann am 29.6.1984 die Enquete - Kommission „Chancen und Risiken der Gentechnologie" ein. Bei der Untersuchung sollten vor allem ökonomische, ökologische, rechtliche und gesellschaftliche Auswirkungen und Sicherheitsaspekte der Gentechnik im Vordergrund stehen[26]. Nach über zweijähriger Arbeit legte die Kommission im Januar 1987 einen umfassenden Bericht mit fast 200 Empfehlungen vor. Die wesentliche Empfehlung bestand dahin, rechtsverbindliche Sicherheitsbestimmungen für Einrichtungen der Genforschung und Produktionsstätten gesetzlich festzuschreiben[27].

3. *„Eckpunkte - Beschluss" der Bundesregierung*

Basierend auf den Empfehlungen der Enquete - Kommission legte der Bundesminister für Jugend, Familie, Frauen und Gesundheit (BMJFFG) am 21.11.1988 dem Bundeskabinett einen Beschlussvorschlag über gesetzliche Regelungen zur Gentechnik vor. Kurz darauf beschloss das Bundeskabinett diese Eckwerte für ein umfassendes GenTG und beauftragte das BMJFFG mit der Erarbeitung eines Gesetzentwurfes[28].

4. *Gesetzentwurf vom 12.07.1989*

Am 12.07.1989 verabschiedete die Bundesregierung den Entwurf eines Gesetzes zur Regelung von Fragen der Gentechnik. Wegen grundlegender Einwendungen des Bundesrates überwies der Bundestag den Gesetzentwurf der Bundesregierung an seine Ausschüsse zurück. Nach erneuter Überprüfung und der Beschlussempfehlung des federführenden Ausschusses stimmten Bundestag und Bundesrat dann dem GenTG zu, welches zum 1.07.1990 in Kraft getreten ist.

II. Haftungsregelungen des ersten GenTG von 1990

Das GenTG soll die Kontrolle von unbekannten Risiken gewährleisten und zugleich die Gentechnik ermöglichen[29]. Da es rechtspolitisch

---

[26] *Kang*, Haftungsprobleme in der Gentechnologie, S. 31
[27] *Brocks/Pohlmann/Senft*, Das neue GenTG, S. 52
[28] *Werner*, Gentechnikhaftung, S. 91 ff.
[29] *Ronellenfitsch*, Die Entwicklung des Gentechnikrechts, S. 309

nicht vertretbar ist, durch die Zulassung technischer Gefahrenquellen die Bürger einem Risiko auszusetzen, führte die Regierung durch das GenTG verbindliche, sachgerechte Haftungsregelungen ein[30].

Bevor genauer auf die Haftungsregeln im fünften Teil (§§ 32-36) des ersten GenTG eingegangen wird, muss grundsätzlich zwischen Schäden, die durch *Freisetzungen* oder durch *Umgang* mit GVP entstehen, unterschieden werden. Es handelt sich um eine Freisetzung, wenn keine Genehmigung zum Inverkehrbringen nach § 16 Abs. 2, GenTG besteht, wie z. B. bei einem Versuchsanbau von nicht zum Inverkehrbringen zugelassener GVP. Haftungsgrundlage für Freisetzungsschäden wurden neben den allgemeinen Vorschriften des Bürgerlichen Rechts die §§ 32-36 GenTG[31]. Schäden, die aus dem Umgang (d. h. kommerzieller Anbau, Transport, Lagerung etc.) mit GVP entstehen, für die also eine Genehmigung für das Inverkehrbringen vorliegt, wurden gesetzlich nicht eindeutig durch das GenTG geregelt, sondern nur durch das Produkthaftungsgesetz[32]. Im folgenden wird insbesondere auf die Haftungsregelungen zur Freisetzung des GenTG eingegangen.

1. § 32 „Die Gefährdungshaftung"

Die zentrale Haftungsvorschrift des GenTG ist § 32 Abs. 1. Danach haftet der Betreiber auf Schadensersatz, falls *„infolge von Eigenschaften eines Organismus, die auf genetische Arbeiten beruhen, jemand getötet, sein Körper oder seine Gesundheit verletzt oder eine Sache beschädigt wird"* (§ 32 Abs. 1). Da ein Verschulden des Betreibers genetischer Vorhaben nicht erforderlich ist, handelt es sich bei dieser Regelung um eine Gefährdungshaftung[33]. Die Eröffnung einer unmittelbaren Schadens- bzw. Gefahrenquelle durch GVO wird vom Staat somit nur unter der Voraussetzung zugelassen werden, dass der Verantwortliche verschuldensunabhängig die damit verbundenen Risiken übernimmt. Auf diese Weise wurde dem Restrisiko Rechnung

---

[30] *Brocks/Pohlmann/Senft*, Das neue Gentechnikgesetz, S. 116
[31] *Becker/Holm-Müller*, Agrarwirtschaft 2007, S. 305
[32] *Stökl*, ZRP 2007, S. 276
[33] *Ostertag*, GVO Spuren und Gentechnikrecht, S. 429

getragen, das sich beim Umgang mit GVO nicht ausschließen lässt[34]. So wird zum einen eine „sozialgerechte Verteilung der Schäden" gewährleistet, zum anderen sollte das Haftungsrecht durch die drohende Einbeziehung von Schadensersatzleistungen in das betriebliche Rechnungswesen einen marktwirtschaftlichen Anreiz zur Schadensvermeidung bieten und daher mittelbare Präventionsaufgaben erfüllen[35]. Ähnliche Regelungen der Gefährdungshaftung für gefährliche bzw. risikoreiche Aktivitäten finden sich noch im Bundesberggesetz (BBergG) und im Umwelthaftungsgesetz (UmweltHG).

Anknüpfungspunkt jeder Gefährdungshaftung ist eine eng begrenzte und genau spezifische Gefahrenquelle. Der § 32 definiert das genetische Risiko anhand dreier Kriterien, nämlich der *„Eigenschaft"* eines *„Organismus"*, die er durch die mit *„genetischen Arbeiten"* bewirkte Veränderung seines Erbmaterials erworben hat[36]. Eine mehrstufige kausale Verknüpfung ist somit notwendig, da der GVO Bedingung für den Schaden sein muss und außerdem gerade der Schaden durch die genetisch veränderte Eigenschaft des Organismus verursacht sein muss[37]. Schäden durch toxische Eigenschaften der unveränderten Ausgangsorganismen gehören dagegen nicht zum genetischen Risiko.

Die in § 32 GenTG geregelte Gefährdungshaftung hat die Besonderheit, dass sämtliche Entwicklungsrisiken erfasst werden[38]. Der Betreiber haftet somit auch dann, wenn ein Nachteil aufgrund einer gentechnischen Arbeit eingetreten ist, deren Schadensneigung zum Zeitpunkt ihrer Vornahme oder im Zeitpunkt des schadensursächlichen Ereignisses nach dem Stand von Wissenschaft und Technik nicht absehbar war[39].

Das GenTG übernimmt in § 32 Abs. 2 die aus dem allgemeinen Deliktrecht bekannten zivilrechtlichen Regelungen über die Verant-

---

[34] *Wellkamp*, NuR 2001, S. 188
[35] *Werner*, Gentechnikhaftung, S. 26
[36] *Dolde*, Gentechnikhaftung in Europa, S. 48
[37] *Hirsch/Schmidt-Didczuhn*, GenTG, S. 478, Rdnr. 10
[38] *Kang*, Haftungsprobleme in der Gentechnologie, S. 163
[39] *Werner*, Gentechnikhaftung, S. 116

wortlichkeit mehrerer Personen. Die Regelungen der Gesamtschuldnerhaftung über die Ausgleichspflicht des bürgerlichen Rechts (§ 426 Abs. 1 BGB) wurden allerdings modifiziert, sodass die Gesamtschuldner entsprechend ihrem Anteil an der Schadensverursachung haften[40].

Der Haftungsumfang nach dem GenTG ergibt sich nach § 32 Abs. 4 bis 7. So ist der Ersatzpflichtige bei einer Sachbeschädigung infolge von Eigenschaften eines GVO, der eine Beeinträchtigung der Natur oder Landschaft darstellt, zur Wiederherstellung des früheren Zustandes verpflichtet (§ 32 Abs. 7). Die Obergrenze des Ersatzes der Wiederherstellungskosten wird nach den Gegebenheiten des Einzelfalles unter Berücksichtigung des entstandenen ökologischen Schadens festgelegt[41].

2. § 33 Haftungshöchstbetrag

Grundsätzlich gilt im deutschen Schadensersatzrecht nach § 249 BGB das Prinzip der vollständigen Ersatzleistung. Als Ausgleich für die verschärfte Haftung ist jedoch bei der Gefährdungshaftung i. d. R. eine Haftungshöchstgrenze vorgesehen[42]. Haftungshöchstgrenzen ermöglichen dem Ersatzpflichtigen einerseits das wirtschaftliche Risiko zu kalkulieren und anderseits, wenn möglich, zu vertretbaren Konditionen zu versichern[43]. In Anlehnung an § 10 ProdHaftG legt das GenTG für Schäden infolge von Eigenschaften von GVO einen Haftungshöchstbetrag von 85 Millionen Euro für alle Geschädigten fest[44].

3. § 34 Ursachenvermutung

Das GenTG sieht in § 34 Abs. 1 eine beschränkte Kausalitätsvermutung zugunsten des Geschädigten vor, welches eine beweisrechtliche Grundlage für das Eingreifen der Gefährdungshaftung nach § 32 Abs. 1 schafft[45]. Kann der Geschädigte nachweisen, dass der Schaden durch GVO verursacht wurde, so geht auch die gesetzliche Vermutung

---

[40] *Brocks/Pohlmann/Senft*, Das neue Gentechnikgesetz, S. 117
[41] *Brocks/Pohlmann/Senft*, Das neue Gentechnikgesetz, S. 118
[42] *Hirsch/Schmidt-Didczuhn*, GenTG, S. 504, Rdnr. 1
[43] *Becker-Schwarze*, Die haftungsrechtlichen Regelungen des GenTG, S. 6
[44] *Hasskarl*, Gentechnikrecht, S. 69
[45] *Schumacher*, Haftung für Mikroorganismen, S. 143

dahin, dass der Schaden durch GVO verursacht wurde, die auf genetischen Arbeiten beruhen. Diese Vermutung ist durch den Betreiber widerlegbar, indem er dem Geschädigten lediglich die Vermutungsbasis entzieht[46].

4. § 35 Auskunftsansprüche des Geschädigten

Das Gesetz billigt dem Geschädigten in § 35 einen Auskunftsanspruch zu, der sich nach Abs. 1 gegen den Betreiber selbst, nach Abs. 2 aber auch gegen die zuständige Behörde richten kann[47]. Wenn der Betroffene einen nachweislichen Schaden erleidet oder die ernsthafte Möglichkeit besteht, dass der Schaden auf genetischen Arbeiten beruht, kann der Geschädigte danach Auskunft über die Art und den Ablauf der durchgeführten genetischen Arbeiten verlangen[48]. Somit kann die Vorschrift dem Geschädigten helfen subjektiv vorhandene Wissenslücken zu schließen und bei der Vorbereitung des Schadensersatzverfahrens in Form eines Feststellungsverfahrens Kosten und ggf. eine gerichtliche Auseinandersetzung zu sparen[49].

5. § 36 „Verpflichtung zur Deckungsvorsorge"

Damit die Geschädigten ihre Ansprüche realisieren können, soll durch § 36 sichergestellt werden, dass die Betreiber genetischer Vorhaben Vorsorge treffen, den Schadensersatz für mögliche durch GVO verursachte Schäden leisten zu können[50]. Nach § 36 Abs. 2 GenTG kann die Deckungsvorsorge insbesondere durch eine Haftpflichtversicherung bei einem Versicherungsunternehmen, das befugt ist, im Geltungsbereich des GenTG derartige Versicherungen abzuschließen, erbracht werden. Als Deckungsvorsorge nennt das Gesetz auch eine Freistellungs- oder Gewährleistungsverpflichtung des Bundes oder des Landes, die z. B. für staatlich geförderte Forschungseinrichtungen gilt. Allerdings wird gemäß § 36 GenTG die Bundesregierung nur ermächtigt durch Rechtsverordnungen zu bestimmen, dass der GVP anbauende Landwirt zur Deckung von Schäden durch GVO Vorsorge

---

[46]*Brocks/Pohlmann/Senft*, Das neue Gentechnikgesetz, S. 119
[47]*Nöthlichs*, Bio- und Gentechnik, Kennzahl:7006, S. 40
[48]*Damm*, Gentechnikhaftungsrecht, S. 29
[49]*Hirsch/Schmidt-Didczuhn*, GenTG, S. 524, Rdnr. 2
[50]*Hirsch/Schmidt-Didczuhn*, GenTG, S. 536, Rdnr. 1

zu treffen hat. Die Pflicht zur Deckungsvorsorge wird selbst nicht durch ein Gesetz festgeschrieben, sondern steht im Ermessen der Exekutive. Solange sie diese Rechtsverordnung nicht erlässt, besteht für den Anbauer keine Veranlassung zum Abschluss von Haftpflichtversicherungen[51].

Mit den verbindlichen Regelungen der §§ 32 ff GenTG ist eine spezifische Haftung für die Gentechnik geschaffen worden[52]. Jedoch ließ der Erlass des GenTG die Diskussion um das Gentechnikrecht nicht verstummen. Aufgrund zunehmender Kritik seitens der EG-Kommission und der Betreiberseite folgten in den Jahren 1993 und 1994 erste Überarbeitungen des Gesetzes. Die §§ 32-36 blieben aber unberührt, sodass eine Novellierung der Haftungsvorschriften seit Inkrafttreten des GenTG nicht erfolgt ist[53].

III. Gesetz zur Neuordnung des Gentechnikrechts vom Feb. 2005
Erst durch eine Klage[54] der EU gegen Deutschland wurde im Februar 2005 das Gentechnikrecht grundsätzlich neu geregelt[55]. Zuvor wurde durch die Europäische Gemeinschaft in den Jahren 2001 bis 2003 durch die RL 2001/18/EG (sog. Freisetzungsrichtlinie), die VO 1829/2003 und die VO 1830/2003 ein neuer Regelungsrahmen für die Grüne Gentechnik geschaffen[56]. Parallel dazu hatte die Bundesregierung jedoch bereits das Gesetzgebungsverfahren zum „Gesetz zur Neuordnung des Gentechnikrechts" (1. GenTNeuordG) veranlasst[57].

Am 3.02.2005 trat schließlich nach langem Tauziehen das 1. GenTNeuordG in Kraft, welches eine ganze Reihe von Änderungen zur Folge hatte. Hauptauslöser dieser Änderungen ist die Aufnahme der Koexistenz von ökologischer bzw. konventioneller und von GVP

---

[51]*Becker-Schwarze*, Die haftungsrechtlichen Regelungen des GenTG, S. 8
[52]*Dolde*, Gentechnikhaftung in Europa, S. 75
[53]*Werner*, Gentechnikhaftung, S. 104
[54]Die EU hatte gegen Deutschland Klage erhoben, da die Frist zur Umsetzung der RL 2003/18/EG in nationales Recht bereits am 17.10.2002 abgelaufen war.
[55]*BMELV*, Agrarpolitischer Bericht der BR 2006, S. 46
[56]*Rutz*, Europäischer Verbraucherschutz, S. 1
[57]*DFG*, Die Novellierung des GenTG, S. 1

verwendender Landwirtschaft in § 1 Abs. 2 GenTG[58]. Damit wurde von Art. 26a der Freisetzungsrichtlinie Gebrauch gemacht. Neben neu eingeführten Standortregistern (§ 16 GenTG), die Einführung der guten fachlichen Praxis (§ 16b GenTG) sowie Veränderungen der Kennzeichnungsvorschriften (§ 17b GenTG), gehören die neuen Haftungsregelungen des § 36a GenTG zu den umstrittensten Punkten des Gesetzgebungsverfahrens[59]. Da das GenTNeuordG über die europarechtlichen Vorgaben der Freisetzungsrichtlinie hinaus, die Regelungen der Haftungsfragen bei unfreiwilliger Auskreuzung von GVO-Pollen auf Nachbarkulturen vorsah, kam es zu einer erheblichen Verschärfung des Haftungsregimes[60].

1. Haftungsregelungen des 1. GenTNeuordG

Die §§ 32-36 haben sich nicht verändert[61]. Insofern liegt nach wie vor dann eine Gefährdungshaftung ohne Verschulden vor, wenn es sich um einen nicht genehmigten GVO handelt. Bei genehmigten GVO soll dann das zivilrechtliche Nachbarrecht (§§ 1004, 906 BGB) in Verbindung mit § 36a GenTG eingreifen[62]. Durch den neu ein-geführten § 36a GenTG „Ansprüche bei Nutzungsbeeinträchtigung" soll der Koexistenzgedanke gesichert und die bisher unsicheren Haftungsregelungen bei genehmigten Freisetzungen und Inverkehr-bringen (*Umgang*) von GVO klargestellt werden[63]. Jedoch werden die Haftungsfragen bei einem zufälligen Auskreuzen von GVO auf Nach-barfelder nicht durch Haftungsbestimmungen des GenTG geklärt, sondern durch die gesetzliche Auslegung und Festsetzung der unbestimmten Rechtsbegriffe der zivilrechtlichen Haftung in §§ 906 und 1004 BGB[64]. Es haften somit Landwirte, die GVP anbauen, auch ohne eigenes Verschulden für Schäden auf Nachbarflächen, ebenso wenn sie die Regeln der guten fachlichen Praxis eingehalten haben[65]. Insbesondere der § 906 BGB i. V. m. § 36a GenTG birgt dem GVO-

---

[58]*BMELV*, Das neue GenTG, S. 2
[59]*Härtel*, Das Agrarrecht im Paradigmenwechsel, S. 28
[60]*Wolfers/Kaufmann*, ZRP 2004, S. 325
[61]*Dolde*, ZRP 2005, S. 28
[62]*Calliess*, Die Grüne Gentechnik zw. Nutzung und Haftung, S. 4
[63]*Palme*, UPR 2005, S. 165
[64]*Wolfers/Kaufmann*, ZRP 2004, S. 325
[65]*Härtel*, Das Agrarrecht im Paradigmenwechsel, S. 29

Pflanzenanbau schwer kalkulierbare Haftungsrisiken[66] und entfaltet damit eine erhebliche Abschreckungswirkung auf den Anbau transgener Nutzpflanzen.

2. Folgen der neuen Haftungsregelungen

Durch das erste GenTNeuordG wurde eine öffentliche Debatte entfacht, welche sich im wesentlichen auf die Übermaßhaftung des Gesetzes konzentrierte. Bei einer Übermaßhaftung ist die Schadenszahlung eines Versursachers größer als der tatsächlich von ihm versursachte Schaden[67]. Es erscheint somit einzelnen Landwirten sinnvoller, auf den Anbau von GVP zu verzichten, auch wenn es gesamtwirtschaftlicher vorteilhaft wäre[68]. Eventuelle Wettbewerbsvorteile GVP werden durch das hohe Haftungsrisiko überlagert, sodass es zu einem Verzicht auf den Anbau von GVO kommen könnte. Dadurch würden außerdem weniger GVO als Lebensmittel auf den Markt kommen, welches Auswirkungen auf den Verbraucherschutz hätte[69]. Indirekt wird durch die Übermaßhaftung dem Restrisiko entgegengewirkt, welches beim Verzehr von genetisch veränderten Lebensmitteln aufgrund fehlender Langzeitstudien vorhanden sein kann[70]. Neben den Auswirkungen auf den Anbau von GVP und dessen Folgen wurde die Verfassungsmäßigkeit des GenTNeuordG ein weiterer Bestandteil der öffentlichen Diskussion[71].

IV. Regelungen und Schicksal des 2. GenTNeuordG

Am 18.02.2005 wurden Teile des ersten Gesetzesentwurfs (1. GenTNeuordG), die bei der Umarbeitung in ein zustimmungsfreies Gesetz nicht verabschiedet wurden, als Gegenstand eines weiteren GenTNeuordG in den Bundestag eingebracht. Da kein Kompromiss gefunden wurde, beschloss der Bundesrat Ende April zunächst das Gesetz an den Vermittlungsausschuss zu überweisen. Dabei wurde unter anderem die Überarbeitung der Haftungsregelungen des bereits

---

[66]*Glas*, Die Haftung der Landwirtschaft, S. 158
[67]*Becker/Holm*, Agrarwirtschaft 2007, S. 306
[68]*DBV*, „Grüne Gentechnik"
[69]*Rutz*, Europäischer Verbraucherschutz, S. 17
[70]*Herdegen*, Haftung für die unbeabsichtigten Einträge von Spuren GVO in der Landwirtschaft, S. 31
[71]*Palme*, UPR 2005, S. 166

eingeführten § 36a GenTG gefordert. Jedoch konnte vor der Bundestagswahl am 18.09.2005 keine Einigung mehr erzielt werden[72].

V. Teilnovellierung des GenTG mit dem 3. GenTNeuordG

Nach der Bundestagswahl im Herbst 2005 wurden unter anderem Haftungsregelungen bei der Novellierung des GenTG Gegenstand der Koalitionsverhandlungen zwischen SPD und CDU/CSU. Im Koalitionsvertrag heißt es dazu wörtlich: *„Die Bundesregierung wird darauf hinwirken, dass sich die beteiligten Wirtschaftszweige für Schäden, die trotz Einhaltung der Vorsorgepflichten und der Grundsätze guter fachlicher Praxis eintreten, auf einen Ausgleichsfonds verständigen. Langfristig ist eine Versicherungslösung anzustreben[73]. "*

Zusätzlich wurde die Novellierung des Gentechnikrechts noch durch die Einleitung eines Zwangsgeldverfahrens seitens der EU gegen die Bundesrepublik intensiviert, um die noch ausstehenden Anpassungen des deutschen GenTG an die Regelungen der Freisetzungsrichtlinie sicherzustellen. Um Bußgeldzahlungen zu vermeiden legten die Regierungsfraktionen bereits im Januar 2006 einen Entwurf für ein 3. GenTNeuordG vor[74]. Nach Bearbeitung durch die verantwortlichen Ausschüsse, dem Beschluss des Bundestages und der Zustimmung des Bundesrates trat das 3. GenTNeuordG am 17.03.2006 in Kraft[75].

Jedoch enthält dieses Änderungsgesetz in erster Linie verfahrenstechnische Anpassungen an die Freisetzungsrichtlinie, sodass die entscheidenden Punkte wie Regelungen zur Definition des Inverkehrbringens, des Standortregisters und zur Haftung erst in einem weiteren GenTNeuordG aufgegriffen werden sollten[76]. Eine weitere Novellierung sollte durch die Verabschiedung eines Eckpunktepapiers durch das Bundeskabinett vorbereitet werden[77].

---

[72] *DFG*, Die Novellierung des Gentechnikgesetzes, S. 5
[73] *Koalitionsvertrag* der Bundesregierung, S. 61
[74] *Nöthlichs*, Bio- und Gentechnik, Kennzahl: 7005, S. 1
[75] *Matzen/Jaeger*, Juristische Praxis in den Life Sciences, S. 9
[76] *DFG*, Die Novellierung des Gentechnikgesetzes, S. 7
[77] *BMELV*, Das Gentechnikgesetz, S. 3

D. Reformpläne und Perspektiven zur Lösung der Haftungsfragen

Die anstehende Diskussion über Haftungsregelungen für die Grüne Gentechnik fokussiert sich im wesentlichen auf die Fragen der verschuldensabhängigen oder verschuldensunabhängigen Ausgestaltung der Haftung, der Abgrenzung des Haftungstatbestandes und der Einrichtung eines Ausgleichsfonds[78]. Im nachstehenden Kapitel wird die Debatte um die Einführung eines Ausgleichsfonds aufgegriffen und anschließend auf das Anfang 2007 beschlossene Eckpunktepapier zur Novellierung des GenTG eingegangen.

I. „Ausgleichsfonds" laut Koalitionsvertrag

Auf die Frage wer haftet, wenn es trotz definierten Regeln der guten fachlichen Praxis zu Schäden durch GVO kommt, entgegnet die Bundesregierung eventuell nach festgelegtem Koalitionsvertrag mit einer Fonds- oder Versicherungslösung. Dieser Lösungsmöglichkeit sah die Politik optimistisch entgegen und hat bereits auf signalisierte Anschubfinanzierungen der Wirtschaft für einen Haftungsfond verwiesen[79].

Die Grundidee besteht darin, dass ein Fonds oder Pool gebildet wird, aus dem potentiell Geschädigte Ersatz verlangen können[80]. Es stellt sich jedoch die Frage, wer zur Finanzierung eines solchen Fonds herangezogen werden soll. Nach dem ursprünglichen Gesetzesentwurf des Bundesrates vom Mai 2004 sollten die Fondbeiträge insbesondere von jenen Wirtschaftsbeteiligten zu leisten sein, die einen Nutzen aus dem Anbau von GVO haben. Auch der Staat sollte sich angemessen an den Beiträgen beteiligen[81].

Neben deutlichen verfassungsrechtlichen Bedenken scheint eine Mitfinanzierung durch den Staat jedoch nicht diskutabel[82], da es zu Verstößen gegen das europäische Beihilfenrecht kommen könnte und

---

[78]*Kaufmann*, Die Haftungsregelungen für die Grüne Gentechnik, S. 108
[79]*Ehlen*, Neue Haftungsrisiken in der Landwirtschaft, S. 17
[80]*Werner*, Gentechnikhaftung, S. 71
[81]*Kaufmann*, Die Haftungsregelungen für die Grüne Gentechnik, S. 109
[82]*Kaufmann*, Die Haftungsregelungen für die Grüne Gentechnik, S. 109

die Risiken der Grünen Gentechnik als Last auf den Steuerzahler abgewälzt würden[83]. Im Vergleich dazu kommt die Form der reinen Anwenderhaftung der GVO Anbauer schnell an die Grenze der Übermaßhaftung. Denn durch die Entlastung des Herstellers von GVO-Saatgut werden die Unternehmen geschont, die einerseits am meisten von der Gentechnik profitieren und anderseits das Risiko für Schäden durch GVP am ehesten zu verantworten haben[84]. Deshalb wird mehrheitlich die Einführung einer klassischen verschuldensabhängigen Haftung in Verbindung mit einer Haftungsfondsregelung für die Fälle, in denen die gute fachliche Praxis eingehalten wurde, gewählt, die von Herstellern des genetisch veränderten Saatguts und den GVO verwendenden Landwirten finanziert werden soll. Durch diese Regelung droht dem einzelnen Landwirt weder die Zahlungsunfähigkeit, wenn er haften muss, noch wird der Ausgleich durch den Staat (bzw. über den Steuerzahler) finanziert[85].

1. Probleme bei der Einführung eines Fondsmodells

Um eine solche Fondslösung in Deutschland zu etablieren, bedarf es jedoch weiterer gesetzlicher Festlegungen und Überzeugungsarbeit von wirtschaftlich an der Grünen Gentechnik interessierten Kreisen. Es ist vor allem eine exaktere Bestimmung der festgelegten Koexistenzregeln durch eine Rechtsverordnung erforderlich, da der Maßnahmenkatalog in § 16b III GenTG sehr ungenau definiert wurde[86]. Dadurch sieht sich der GVP anbauende Landwirt anfechtbar, da er sich dem Vorwurf ausgesetzt sehen muss, er habe sich nicht an die Regeln guter fachlicher Praxis gehalten und muss demgemäß persönlich für einen möglichen Auskreuzungsschäden haften[87]. Eine gesetzliche Regelung der guten fachlichen Praxis steht in Deutschland jedoch noch aus[88].

---

[83] *Calliess*, Die Grüne Gentechnik zw. Nutzung und Haftung, S. 14
[84] *Rehbinder*, NuR 2007, S. 117
[85] *Rutz*, Europäischer Verbraucherschutz, S. 29 f.
[86] *Rutz*, Europäischer Verbraucherschutz, S. 29
[87] *Sons*, Versicherbarkeit von Umwelthaftungsreisiken, S. 138
[88] *Großekathöfer*, NL-BzAR 2004, S. 115

In den Niederlanden konnte durch ein eingesetztes Komitee ein zertifizierbarer Maßnahmenkatalog zur guten fachlichen Praxis, genaue Isolationsabstände für die einzelnen Kulturpflanzen und die verschuldensabhängige Haftung in Verbindung mit einem Haftungsfond erarbeitet werden. Es kam zu einer gemeinschaftlichen Übereinkunft zwischen Agro-Biotech-Unternehmen, Züchtern, Landwirten und in der Startphase auch dem Staat in einen Haftungsfondslösung einzuzahlen[89].

In Deutschland ist es trotz anfänglichem Optimismus der Politik nicht gelungen, Pflanzenzucht- und Biotechnologieunternehmen zur Einrichtung eines Haftungsfonds zu bewegen[90]. Die vorgeschlagenen Lösungen verschiedener Entschädigungs- oder Ausgleichsfonds werden von einzelnen Saatgutunternehmen sogar grundsätzlich abgelehnt[91]. Dadurch, dass ein Fondsmodell den Präventiveffekt der Koexistenzhaftung weitgehend abbauen würde und dass durch eine solche „Solidarhaftung" das Verantwortungsbewusstsein und die Beachtung von Sorgfaltspflichten auf Seiten potentiell Geschädigter gemindert werden, wird diese Position auch durch die Biotechnologieunternehmen untermauert[92]. Zudem stößt eine Finanzierungspflicht der Wirtschaft für einen Haftungsfonds auch auf deutliche verfassungsrechtliche Bedenken, sofern diese sich auf die Saatgutautersteller erstreckt. Denn eine derartige Finanzierungspflicht würde eine öffentlich-rechtliche Abgabe darstellen, die nicht als Steuer qualifiziert werden kann, da sie nicht dem allgemeinen Finanzbudget der öffentlichen Hand dient[93]. Vielmehr wird deshalb von Kreisen der Wirtschaft der Wunsch nach einer Versicherungslösung laut[94].

2. Die angestrebte „Versicherungslösung"

Als langfristige Perspektive wurde im Koalitionsvertrag vom 11.11.2005 eine Versicherungslösung genannt. Allerdings gibt es

---

[89] *bioSicherheit*, Koexistenz-Regeln im Konsens
[90] *AGRAR- EUROPE*, Gentechniknovelle weiter als Hängepartie
[91] *KWS SAAT AG*, Kernposition zur Novellierung des GenTG
[92] *Krotzky*, Stellungnahme des DIB, S. 3
[93] *Kaufmann*, Die Haftungsregelungen für die Grüne Gentechnik, S. 111
[94] *Hellberg*, Interview durch Biosicherheit vom 29.11.2005

momentan in Deutschland noch keine Haftpflichtversicherung für Landwirte, die GVO anbauen[95]. Dies liegt aus Sicht der Versicherungswirtschaft daran, dass durch die Ausgestaltung der Haftungsregeln nach § 36a GenTG schon bei einer Schadensvermutung der GVO anbauende Landwirt verschuldensunabhängig, gesamtschuldnerisch mit Beweislastumkehr für Schäden haftet. Auch dann, wenn er sich an die Regel der guten fachlichen Praxis gehalten hat[96]. Da es bei bestimmten GVP in klein strukturierten Kulturlandschaften unvermeidbar ist, dass es zu Auskreuzungen durch GVO auf Nachbarfeldern kommt[97], können Schäden auftreten, ohne dass der Landwirt diese verhindern kann. Im Rahmen einer Haftpflichtversicherung können jedoch nur zufällig eintretende Schäden versichert werden[98].

Anderseits hängt die Versicherbarkeit eines Risikos von der eindeutigen Festlegung der Leistungspflicht des Versicherers ab. Dies setzt unmittelbar voraus, dass die Haftung des Verantwortlichen durch entsprechende Gesetze eindeutig definiert ist. Des weiteren muss der Verantwortungsbereich des Haftungsadressaten festgesetzt sein und es darf keine „Unschärfe" durch anderweitige Einflüsse drohen[99]. Da diese Voraussetzungen aufgrund der Haftungsregelungen des GenTG noch nicht erfüllt sind, wird durch die Versicherungswirtschaft auch keine Lösung angeboten.

Versicherungsgesellschaften fordern deshalb als Grundvoraussetzung für einen Versicherungsschutz die verschuldensabhängige Haftung, die an die Verletzung von Sorgfaltspflichten gekoppelt ist, festzusetzen. D. h. der GVO anbauende Landwirt haftet nur dann, wenn er sich nicht an die Regeln der guten fachlichen Praxis hält. Der Schadenseintritt wird somit vom Zufall abhängig gemacht[100].

---

[95]*Schmieder*, UPR 2005, S. 53
[96]*Hellberg*, Interview durch Biosicherheit vom 29.11.2005
[97]*Werren*, Agro Gentechnik, S. 25
[98]*Hellberg*, Interview durch Biosicherheit vom 29.11.2005
[99]*Sons*, Versicherbarkeit von Umwelthaftungsrisiken, S. 128
[100]*Hellberg*, Interview durch Biosicherheit vom 29.11.2005

II. Eckpunktepapier zur Novellierung des GenTG vom Feb. 2007

Nach langen Diskussionsrunden hat die Bundesregierung am 28.02.2007 das Eckpunktepapier „Eckpunkte für einen fairen Ausgleich der Interessen" beschlossen[101]. Neben den Präzisierungen von interpretatorischen Unsicherheiten aus Gründen der Rechtsklarheit im Zusammenhang mit dem § 36a des GenTG, hat sich an den derzeit geltenden Haftungsvorschriften für den Anbau von GVP nichts Wesentliches geändert[102]. Es bleibt somit nach wie vor das Zurechnungskriterium der Gefährdungshaftung für Schadensfälle bestehen. Da es der Bundesregierung bisher nicht gelungen ist Pflanzenzucht- und Biotechnologieunternehmen zur Einrichtung eines Haftungsfonds zu bewegen und bisher auch keine Versicherungslösung angeboten wird[103], kann der angedachte Ausgleichsfond nicht implementiert werden. Stattdessen weist das Eckpunktepapier darauf hin, dass eine Selbstverpflichtung der Saatguthersteller angestrebt wird, welche die Landwirte von den gesamtschuldnerischen Risiken, die trotz Einhaltung der guten fachlichen Praxis nicht vollständig auszuschließen sind, entlasten soll[104].

Einen Ausblick zum gegenwärtigen Zeitpunkt zu geben, fällt nicht leicht. Die Reformdiskussion ist in vollem Gange, das erhoffte Haftungsfondmodell ist auf politische, wirtschaftliche und teilweise auch rechtliche Probleme gestoßen und auch die angestrebte Versicherungslösung ist noch auszuloten[105]. Durch Verankerung praxisgerechter Definitionen und Standards der guten fachlichen Praxis im Eckpunktepapier[106], wurde durch die Bundesregierung zuerst einmal eine gute Grundvoraussetzung für eine Versicherungslösung sowie für alternative Lösungsmöglichkeiten geschaffen.

---

[101] *bioSicherheit*, Bundeskabinett: Einstimmig für Seehofers Eckpunktepapier
[102] *BMELV*, Kabinett beschließt Eckpunktepapier zur Gentechnik
[103] *AGRAR- EUROPE*, Gentechniknovelle weiter als Hängepartie
[104] *BMELV*, Kabinett beschließt Eckpunktepapier zur Gentechnik
[105] *Kaufmann*, Die Haftungsregelungen für die Grüne Gentechnik, S. 109
[106] *BMELV*, Kabinett beschließt Eckpunktepapier zur Gentechnik

E. Zusammenfassung

Die vorliegende Arbeit befasst sich mit der Entstehungsgeschichte und den aktuellen Reformplänen der Haftungsregelung im deutschen Gentechnikrecht. Durch die Darstellung grundlegender Haftungsfragen der Grünen Gentechnologie, bezugnehmend auf mögliche Schäden und Haftungsmechanismen, wird die Komplexität dieser Thematik deutlich. Um das eingangs beschriebene „Chaos" im Gentechnikrecht zu überschauen, wurde ein detaillierter Überblick über die Haftungsregelungen der letzten 30 Jahre gegeben.

Angesichts der zur Bewältigung des möglichen Schadenpotenzials unzureichenden Verschuldenshaftung hat sich die Gefährdungshaftung bereits in den ersten Gesetzesentwürfen etabliert und ist wesentlicher Bestandteil des deutschen GenTG geworden. Die damals noch auf Freisetzung zu Forschungszwecken von GVO ausgelegten Haftungsregelungen des fünften Teils (§§ 32-36) des GenTG von 1990 bilden die Grundlage der Gentechnikhaftung. In den kommenden Jahren folgte eine Vielzahl von Novellen und Änderungsgesetzen, die sich einerseits an die Anwendungsmöglichkeiten angepasst haben. Andererseits wurde aber auch eine Verschärfung der Haftungsregelungen vorgenommen, die aus Betreibersicht einer Übermaßhaftung gleichkommt und aufgrund des unkalkulierbaren Haftungsrisikos zu einem Anbauverzicht von GVP führen kann.

Die Arbeit schließt mit den aktuellen Reformplänen, wobei insbesondere der Lösungsweg der Haftungsproblematik durch das Ausgleichsfondsmodell bzw. eine Versicherungslösung vorgestellt wird. Jedoch stehen der praktischen Umsetzung noch Hürden im Weg, welche nur durch Haftungsmodifikationen, die derzeit im Gespräch sind, überwunden werden können. Ein wesentlicher Einfluss auf die Antwort der Haftungsfragen wird von der Festlegung der guten fachlichen Praxis abhängen, die für die Rentabilität des Anbaus von GVP wahrscheinlich bedeutsamer ist als die aktuell heftig diskutierten Haftungsregeln.

Literaturverzeichnis

AGRAR-EUROPE: „Gentechniknovelle weiter als Hängepartie", in AGRAR-EUROPE, Länderberichte 43, 4.12.2006.

Becker, A./Holm-Müller, K.: „Das neue Gentechnikgesetz - ein Gentechnikverhinderungsgesetz? Eine umweltökonomische Analyse der haftungsrechtlichen Neuerungen in Gentechnikgesetz", in: Agrarwirtschaft 55 (2007), Heft 7, S. 303-309.

Becker-Schwarze, K.: „Die haftungsrechtlichen Regelungen des Gentechnikgesetzes", in: Simon, J. (Hrsg.): Recht der Biotechnologie, Band III, Schwerpunktbeiträge, Baden-Baden, 1994, zit. Becker-Schwarze, Die haftungsrechtlichen Regelungen des GenTG.

bioSicherheit: „Bundeskabinett: Einstimmig für Seehofers Eckpunktepapier", vom 28.02.2007, unter: URL: http://www.bio-sicherheit.de /de/aktuell/551.doku.html, Abrufdatum: 10.04.2007.

bioSicherheit: „Koexistenz-Regeln im Konsens", vom 11.11.2004, unter: URL: http://www.biosicherheit.de/de/archiv/2004/312.doku. html, Abrufdatum: 9.04.2007.

BMELV: „Kabinett beschließt Eckpunktepapier zur Gentechnik", unter: URL: http://www.bmelv.de/cln_045/nn_750598/DE/04-Landwirtschaft/Gentechnik/KabinettbeschlussGentechnik.html__nnn= true, Abrufdatum: 10.04.2007.

BMELV: „Das Gentechnikgesetz", unter: URL: http://www.bmelv.de/cln_045/nn_750598/DE/04-Landwirtschaft/Gen-technik/Gentechnikgesetz.html__nnn=true, Abrufdatum: 8.04.2007.

BMELV: „Agrarpolitischer Bericht der Bundesregierung 2006", Berlin, 2006, zit. BMELV, Agrarpolitischer Bericht der BR 2006.

BMELV: „Das neue Gentechnikgesetz, Regelungen zum Schutz der gentechnikfreien Landwirtschaft", Berlin, 2004, zit. BMELV, Das neue GenTG.

Brocks, D./Pohlmann A./Senft M.: „Das neue Gentechnikgesetz", München, 1991, zit. Brocks/Pohlmann/Senft, Das neue Gentechnikgesetz.

Calliess, C.: „Die Grüne Gentechnik zwischen Nutzung und Haftung-Zugleich eine Einführung in eines der Themen der Tagung", in:

"

Calliess/Härtel/Veit (Hrsg.) „Neue Haftungsrisiken in der Landwirtschaft: Gentechnik, Lebensmittel- und Futtermittelrecht, Umweltschadensrecht“, Baden-Baden, 2007, zit. Calliess, Die Grüne Gentechnik zw. Nutzung und Haftung.

Damm, R.: „Gentechnikhaftungsrecht - Das Haftungsrecht des Gentechnikgesetzes“, in: Simon, J. (Hrsg.): „Recht der Biotechnologie“, Band III, Schwerpunktbeiträge, Baden-Baden, 1994, zit. Damm, Gentechnikhaftungsrecht.

DBV: „Grüne Gentechnik“, vom 7.04.2007, unter: URL: http:// www.bauernverband.de/konkret_1927.html, Abrufdatum: 12.04.2007.

DFG: „Die Novellierung des Gentechnikgesetzes: Sach- und Verfahrensstand“, 2006, unter: URL: www.dfg.de/.../themen_dokumentationen/gruene_gentechnik/download/gruene_gentechnik_ sachstand_060515.pdf, Abrufdatum: 10.04.2007.

Dolde, T.: „Gesetz zur Neuordnung des Gentechnikrechts, Neue Haftungsrisiken für Landwirte und Hersteller gentechnisch veränderten Saatguts“, ZRP 2005, S. 25-29.

Dolde, T.: „Gentechnikhaftung in Europa: Deutschland, Frankreich und EU-Regelungen im Vergleich“, Tübingen, 2000, Dissertation, zit. Dolde, Gentechnikhaftung in Europa.

Ehlen H.-H.: „Neue Haftungsrisiken in der Landwirtschaft: Gentechnikrecht, Lebensmittel- und Futtermittelrecht, Umweltschadensrecht“, in: Calliess/Härtel/Veit (Hrsg.) „Neue Haftungsrisiken in der Landwirtschaft: Gentechnik, Lebensmittel- und Futtermittelrecht, Umweltschadensrecht“, Baden-Baden, 2007, zit. Ehlen, Neue Haftungsrisiken in der Landwirtschaft.

Glas, I.: „Die Haftung der Landwirtschaft im Kontext des Pachtrechts und Gesellschaftsrechts im Rahmen des Gentechnikrechts“, in: Calliess/Härtel/Veit (Hrsg.) „Neue Haftungsrisiken in der Landwirtschaft: Gentechnik, Lebensmittel- und Futtermittelrecht, Umweltschadensrecht“, Baden-Baden, 2007, zit. Glas, Die Haftung der Landwirtschaft.

Großekathöfer, D.: „Das neue Haftungsrecht im Gentechnikgesetz“, NL-BzAR 2004, S. 110-115.

Hacker, J./Friedrich, B.: „Das neue Gesetz zur „Grünen Gentechnik"- Zu unserem Umgang mit der Schlüsseltechnologie des 21. Jahrhunderts", in: BIOspektrum 02/2005, S.184-187.

Härtel, I.: „Das Agrarrecht im Paradigmenwechsel: Grüne Gentechnik, Lebensmittelsicherheit und Umweltschutz", in: Calliess/Härtel/Veit (Hrsg.) „Neue Haftungsrisiken in der Landwirtschaft: Gentechnik, Lebensmittel- und Futtermittelrecht, Umweltschadensrecht", Baden-Baden, 2007, zit. Härtel, Das Agrarrecht im Paradigmenwechsel.

Hasskarl, H.: „Gentechnikrecht: Textsammlung", Aulendorf, 1990, zit. Hasskarl, Gentechnikrecht.

Hellberg, N.: „Der Schadenseintritt muss vom Zufall abhängig sein." Interview mit bioSicherheit vom 29.11.2005, unter: URL: http://www. biosicherheit.de/de/aktuell/340.doku.htmlt, Abrufdatum:7.04.2007.

Herdegen, M.: „Die Haftung für die unbeabsichtigten Einträge von Spuren gentechnisch veränderter Organismen in der Landwirtschaft", Bonn, 2003, zit. Herdegen, Haftung für die unbeabsichtigten Einträge von Spuren GVO in der Landwirtschaft.

Hirsch, G./Schmidt-Didezuhn A.: „Gentechnikgesetz mit Gentechnik-Verordnungen, Kommentar", München, 1991, zit. Hirsch/Schmidt-Didczuhn, GenTG.

Kang, B.-S.: „Haftungsprobleme in der Gentechnologie: zum sachgerechten Schadensausgleich", Frankfurt am Main, 2001, Dissertation, zit. Kang, Haftungsprobleme in der Gentechnologie.

Kaufmann, M.: „Die Haftungsregelungen für die Grüne Gentechnik - Aktueller Stand und Perspektiven", in: Calliess/Härtel/Veit (Hrsg.) „Neue Haftungsrisiken in der Landwirtschaft: Gentechnik, Lebensmittel- und Futtermittelrecht, Umweltschadensrecht", Baden-Baden, 2007, zit. Kaufmann, Die Haftungsregelungen für die Grüne Gentechnik.

Koalitionsvertrag der Bundesregierung (CDU/CSU/SPD) vom 11.11.2005, unter: URL: http://www.bundesregierung.de/nsc_true/ Content/DE/__Anlagen/koalitionsvertrag,templateId=raw,property=pu blicationFile.pdf/koalitionsvertrag, Abrufdatum: 8.04.2007.

Krotzky, A.: „Stellungnahme der Deutschen Industrievereinigung Biotechnologie zum Entwurf eines Gesetzes zur Neuordnung des Gentechnikrechts", unter: URL: www.keine-gentechnik.de/bibliothek/ gentgesetz/positionen/anhoerung/industrievereinigungbiotechnologie. pdf, Abrufdatum: 8.04.2007.

KWS SAAT AG: „Kernposition der KWS SAAT AG zur Novellierung des Gentechnikgesetzes", Einbeck, 10.6.2004, unter: URL: www.keine-gentechnik.de/bibliothek/gentgesetz/positionen/ anhoerung/kws_kernpositionen.pdf, Abrufdatum: 07.04.07.

Matzen, K./Jaeger, D.: „Juristische Praxis in den Life Sciences", Berlin, 2007, zit. Matzen/Jaeger, Juristische Praxis in den Life Sciences.

Nöthlichs, M.: „Bio- und Gentechnik, Kommentar zur Biostoff-verordnung und zum Gentechnikgesetz", Berlin, 2005, zit. Nöthlichs, Bio- und Gentechnik.

Ostertag, A.: „GVO-Spuren und Gentechnikrecht, Die rechtliche Beurteilung und Handhabung von ungewollten Spuren gentechnisch veränderter Organismen in konventionell und ökologisch erzeugten Produkten", 1. Auflage, Baden-Baden, 2006, zit. Ostertag, GVO-Spuren und Gentechnikrecht.

Palme, C.: „Zur Verfassungsmäßigkeit des Neuen Gentechnik-gesetzes", in: UPR 5/2005, S. 164-171.

Rehbinder, E.: „Koexistenz und Haftung im Gentechnikrecht in rechtsvergleichender Sicht", in: NuR 2007, S. 115-122.

Ronellenfitsch, M.: „Die Entwicklung des Gentechnikrechts", Tübingen, 1. Teil, Verwaltungsarchiv 2002, zit. Ronellenfitsch, Die Entwicklung des Gentechnikrechts.

Rutz, A.: „Europäischer Verbraucherschutz - Grüne Gentechnik und Haftung, Göttinger Online - Beitrag zum Europarecht", 2006, Nr. 41.

Schmieder, S.: „Die Neuregelung der Folgen von Auskreuzung im Gentechnikrecht", in: UPR 2005, Heft 2, S. 49-55.

Schumacher, K.: „Haftung für Mikroorganismen in Deutschland und den Vereinigten Staaten von Amerika", München, 1995, zit. Schumacher, Haftung für Mikroorganismen.

Sons, J. „Versicherbarkeit von Umwelthaftungsrisiken in der Landwirtschaft", in: Calliess/Härtel/Veit (Hrsg.) „Neue Haftungsrisiken in der Landwirtschaft: Gentechnik, Lebensmittel- und Futtermittelrecht, Umweltschadensrecht", Baden-Baden, 2007, zit. Sons, Versicherbarkeit von Umwelthaftungsrisiken.

Stökl, L.: „Die Gentechnik und die Koexistenzfrage: Zivilrechtliche Handlungsregelungen", in: ZRP 14 /2004, S.274-279.

TRANSGEN: „Mehr Allergien durch Gentechnik", URL: http://www.transgen.de/sicherheit/allergien/, Aachen, Abrufdatum: 4.04.2007.

Wellkamp, L.: „Haftung in der Gentechnologie", in: NuR 2001, Heft 4, S. 188-194.

Werner, H.: „Gentechnikhaftung - Zur Haftungsregelung im Gentechnikrecht, Tübingen, 1996, Dissertation, zit. Werner, Gentechnikhaftung.

Werren, D.: „Agro-Gentechnik: Ist Koexistenz unter pflanzenbaulichen Gesichtspunkten möglich?", Witzenhausen, 25.01.2005, unter: URL: http://www.wiz.uni-kassel.de/foel/gruene_gentechnik/ pdf/Ist%20Koexistenz%20unter%20pflanzenbaulichen%20 Gesichtspunkten%20moeglich.pdf, Abrufdatum: 8.04.2007.

Wildhaber, I.: „Produkthaftung im Gentechnikrecht - Eine rechtsvergleichende Studie", Zürich, 2000, zit. Wildhaber, Produkthaftung im Gentechnikrecht.

Wolfers, B./Kaufmann, M.: „Grüne Gentechnik: Koexistenz und Haftung", in: ZRP 6/2004, S. 321-329.

Rechtsquellenverzeichnis

BBergG (Bundesberggesetz), Bundesgesetzblatt (BGBL), Teil 1, Nr. 48; ausgegeben am 20.08.1980, Bonn.

BGB (Bürgerliches Gesetzbuch) in der Bekanntmachung vom 02.01.2002, München.

GenTG (Gesetz zur Regelung der Gentechnik), Bundesgesetzblatt (BGBL), Teil 1, Nr. 28; ausgegeben am 23.06.1990, Bonn.

GenTNeuordG (Gesetz zur Neuordnung des Gentechnikrechts), Bundesgesetzblatt (BGBL), Teil 1, Nr. 8; ausgegeben am 03.02.2005, Bonn.

ProdHaftG (Gesetz über die Haftung für fehlerhafte Produkte), Bundesgesetzblatt (BGBL), Teil 1, Nr. 59; ausgegeben am 22.12.1989, Bonn.

Richtlinie 2001/18/EG des Europäischen Parlaments und des Rates vom 12.03.2001 über die absichtliche Freisetzung genetisch veränderter Organismen in der Umwelt, Amtsblatt Nr. L 106 vom 17.04.2001.

UmweltHG (Gesetz über die Umwelthaftung), Bundesgesetzblatt (BGBL), Teil 1, Nr. 67; ausgegeben am 14.12.1990, Bonn.

Verordnung (EG) Nr. 1828/2003 des Europäischen Parlaments und des Rates vom 22.09.2003 über genetisch veränderte Lebensmittel und Futtermittel, Amtsblatt Nr. L 268 vom 18.10.2003.

Verordnung (EG) Nr. 1830/2003 des europäischen Parlaments und des Rates vom 22.09.2003 über die Rückverfolgbarkeit und Kennzeichnung von genetisch veränderten Organismen, Amtsblatt Nr. L 268 vom 18.10.2003.

Anhang

A. Textauszüge zitierter Internetquellen

bioSicherheit: *„Bundeskabinett: Einstimmig für Seehofers Eckpunktepapier"* vom 28.02.2007

Textauszug:

Novellierung Gentechnik-Gesetz

Bundeskabinett: Einstimmig für Seehofers Eckpunktepapier

(28.02.2007) Einstimmig hat die Bundesregierung auf ihrer Kabinettsitzung das von Landwirtschaftsminister Horst Seehofer vorgelegte Eckpunktepapier zur Novellierung des Gentechnik-Gesetzes beschlossen. Auf dieser Grundlage wird nun ein konkreter Gesetzentwurf ausgearbeitet und in den Bundestag eingebracht.

Nach langen Diskussionen innerhalb der Bundesregierung ist damit die erste Hürde genommen, die im Koalitionsvertrag vereinbarte Änderung des Gentechnik-Gesetzes umzusetzen. Bleibt es bei den Vorgaben des Eckpunktepapiers, wird sich an den derzeit geltenden Vorschriften für den Anbau von gv-Pflanzen nichts Wesentliches ändern. Bei experimentellen Freisetzungsversuchen enthält das Eckpunktepapier Präzisierungen einiger bisher strittiger Fragen.

bioSicherheit: *„Koexistenz-Regeln im Konsens"* vom 11.11.2004

Textauszug:

Niederlande

Koexistenz-Regeln im Konsens

In den Niederlanden haben sich Dachverbände der Landwirtschaft, der Pflanzenzüchter und der Verbraucher auf Regeln für den Anbau gentechnisch veränderter Pflanzen verständigt. Anders als in Deutschland soll es einen Haftungsfond geben, aus dem wirtschaftliche Schäden durch GVO-Auskreuzungen beglichen werden. Auch der Verband der Ökoanbauer hat dem Konsens zugestimmt.

(…)

Haftungsfond und verschuldensabhängige Haftung

Landwirte, die gv-Pflanzen anbauen, haften für wirtschaftliche Schäden bei ihren Nachbarn - aber nur dann, wenn sie die festgelegten Koexistenzregeln nicht eingehalten haben. Nur Schadensfälle, bei denen es keinen schuldhaften Verursacher gibt, werden aus einem Haftungsfond beglichen. In diesen Fond zahlen Agro-Biotech-Unternehmen, Züchter, Landwirte einschließlich der Biobetriebe, Abnehmer der gv-Agrarprodukte und zu Beginn auch der Staat.

BMELV: *„Kabinett beschließt Eckpunktepapier zur Gentechnik"*
Textauszug:

Kabinett beschließt Eckpunktepapier zur Gentechnik
Das Bundeskabinett hat am 28. Februar 2007 das folgende Eckpunktepapier "Die weitere Novellierung des Gentechnikrechts – Eckpunkte für einen fairen Ausgleich der Interessen in der vom Bundesminister für Ernährung, Landwirtschaft und Verbraucherschutz vorgelegten Fassung beschlossen:
Die weitere Novellierung des Gentechnikrechts – Eckpunkte für einen fairen Ausgleich der Interessen (…)

5. Die Haftungsregelungen präzisieren
Die Bundesregierung ist dem Auftrag aus der Koalitionsvereinbarung nachgekommen, mit den Wirtschaftsbeteiligten die Möglichkeit eines Ausgleichsfonds und einer Versicherungslösung für Schäden, die trotz Einhaltung der Regeln der guten fachlichen Praxis eintreten, abzuwägen. Ein von den Wirtschaftsbeteiligten getragener Ausgleichsfonds wird von den Pflanzenzucht- und Biotechnologie-unternehmen allerdings abgelehnt. Auch die Versicherungswirtschaft sieht sich mangels ausreichender Erfahrungen, die für eine Risikokalkulation unerlässlich sind, derzeit nicht in der Lage, einen Versicherungsschutz anzubieten. Die Wirtschaftsverbände der Pflanzenzucht- und Biotechnologieunternehmen streben stattdessen eine Selbstverpflichtung an, die die Landwirte von Haftungsrisiken für

Schäden, die trotz Einhaltung der guten fachlichen Praxis nicht vollständig auszuschließen sind, entlastet.

(...)

In der Diskussion über die Haftungsnorm des § 36a Gentechnikgesetz wurde allerdings auf interpretatorische Unsicherheiten hingewiesen, die aus Gründen der Rechtsklarheit beseitigt werden sollen. Es sind die folgenden Präzisierungen zu prüfen:

- Der offene Tatbestand der wesentlichen Beeinträchtigung ("insbesondere") wird durch eine abschließende Aufzählung ersetzt werden; eine Haftungsverkürzung oder -erweiterung gegenüber dem geltenden Recht ist nicht beabsichtigt.
- Klarstellung, dass die gesamtschuldnerische Haftung nicht über die von der Rechtsprechung anerkannten Fälle hinausgeht. Voraussetzung ist, dass auf Grundlage der geltenden Beweislastregeln nach den tatsächlichen Umständen des Einzelfalls, also insbesondere nach der räumlichen Lage und der Größe der jeweiligen Felder, jeder der Nachbarn die wesentliche Beeinträchtigung verursacht haben kann und sich nur nicht ermitteln lässt, welcher der Nachbarn die wesentliche Beeinträchtigung tatsächlich ganz bzw. zu welchem Anteil verursacht hat.

Zu diesen Fragen soll im Gesetzgebungsprozess zusätzliche wissenschaftliche Expertise herangezogen werden.

BMELV: *„Das Gentechnikgesetz"*

Textauszug:

Weitere Novellierung des Gentechnikrechts

(…)

Die Novellierung des Gentechnikgesetzes soll durch die Verabschiedung eines Eckpunktepapiers durch das Bundeskabinett vorbereitet werden. Das Eckpunktepapier befindet sich noch im Entwurfsstadium. Zur Sondierung hat das Bundeslandwirtschaftsministerium zahlreiche Gespräche mit gesellschaftlichen Gruppen und Unternehmen, sowohl mit Befürwortern als auch mit Gegnern der Grünen Gentechnik, geführt. Die Ergebnisse dieser Gespräche fließen in den Meinungsbildungsprozess der Bundesregierung ein.

DBV: *„Grüne Gentechnik"* vom 7.04.2007

Textauszug:

Grüne Gentechnik

(…)

Der DBV kritisiert, dass nun die Chance vertan wurde, die Frage der Koexistenz auf eine breite politische und gesellschaftliche Basis zu stellen. Die nunmehr zu erwartende verschuldensunabhängige gesamtschuldnerische Gefährdungshaftung für Landwirte, die gentechnisch veränderte Pflanzen anbauen, sei nicht kalkulierbar und nicht versicherbar. Selbst Landwirte, die die gute fachliche Praxis einhalten und nicht für mögliche Einträge von gentechnisch veränderten Pflanzen auf einem Nachbarfeld verantwortlich sind, würden wegen der gesamtschuldnerischen Haftungsregelung für diese Schäden haften müssen. In seiner Verantwortung gegenüber den Landwirten könne der Berufsstand daher jedem Landwirt nur generell vom Anbau mit gentechnisch veränderten Pflanzen abraten, sofern nicht weitere gesetzliche oder vertragliche Haftungsbeschränkungen erlassen werden.

DFG: *„Die Novellierung des Gentechnikgesetzes: Sach- und Verfahrensstand"*

Textauszug:

A.   Wesentliche Änderung des Gentechnikgesetzes durch das 1. Gesetz zur Neuordnung des Gentechnikrechts (1. GenTRNeuordG)

Die mit dem 1. GenTRNeuordG im Februar 2005 vollzogenen Änderungen des GenTG dienten der Umsetzung der europäischen Richtlinie 2001/18/EG (sog. Freisetzungsrichtlinie). Die Frist zur Umsetzung dieser Richtlinie in nationales Recht war bereits am 17. Oktober 2002 abgelaufen. Die EU-Kommission hatte die fehlende Umsetzung durch die Bundesrepublik Deutschland im Jahr 2003 moniert und ein Vertragsverletzungsverfahren in Gang gesetzt. Der EuGH hat daraufhin mit Urteil vom 15. Juli 2004 festgestellt, dass die Bundesrepublik Deutschland durch die Nichtumsetzung der Richtlinie 2001/18/EG gegen geltendes europäisches Vertragsrecht verstoßen hat.

Parallel dazu hatte die Bundesregierung jedoch bereits das Gesetzgebungsverfahren zum „Gesetz zur Neuordnung des Gentechnikrechts" (1. GenTRNeuordG als Änderungsgesetz zu dem bereits bestehenden GenTG) eingeleitet. Die in diesem Verfahren u.a. von den Wissenschaftsorganisationen vorgebrachten Monita und Änderungsvorschläge[1] gingen nicht in den Gesetzentwurf ein. Abgesehen von Detailänderungen wurden im weiteren legislativen Prozess auch weder die umfangreiche Stellungnahme des Bundesrats vom 2. April 2004 noch die im Rahmen des erforderlichen Notifizierungsverfahrens[2] geäußerte Kritik der EU-Kommission vom 26. Juli 2004 berücksichtigt.

(…)

S. 5 unten:

Hellberg, N.: *„Der Schadenseintritt muss vom Zufall abhängig sein."*
Interview mit bioSicherheit vom 29.11.2005
Textauszug:

"Der Schadenseintritt muss vom Zufall abhängig sein"

Landwirte, die gv-Pflanzen anbauen, haften für wirtschaftliche Schäden, die durch GVO-Enträge auf Nachbarfeldern entstehen. Eine Versicherung dafür gibt es derzeit nicht. Die neue Bundesregierung hat angekündigt, das Gentechnik-Gesetz zu überarbeiten und dabei auch die Bedingungen für die Haftung beim Anbau von gv-Pflanzen zu ändern. Langfristig soll es eine Versicherungslösung für GVO-Landwirte geben. - bioSicherheit sprach darüber mit Nils Hellberg vom Gesamtverband der Deutschen Versicherungswirtschaft.

(...)

Wie verschiedene europäische Studien belegen, ist es zumindest bei bestimmten Pflanzenarten für den betreffenden Verursacher unvermeidbar, dass es ungewollt zu Vermischungen oder GVO-Einträgen auf den Nachbarfeldern kommt. Der Schaden tritt also zwangsläufig ein, ohne dass der GVO-Landwirt ihn verhindern kann. Im Rahmen einer Haftpflichtversicherung können wir Versicherungsschutz aber grundsätzlich nur bei zufällig eintretenden Schäden bieten. Unter den Bedingungen des Gentechnik-Gesetzes sind GVO-Einträge zwangsläufige Schäden und daher als unternehmerisches Risiko anzusehen. Dieses muss der GVO-Landwirt selbst tragen, er kann sich nicht auf Kosten der Risikogemeinschaft entlasten.

(...)

Nils Hellberg: Wir wissen vom Wunsch der Saatguthersteller und der Pflanzenzüchter nach einer Versicherungslösung. Seit längerem führen wir intensive Gespräche, auch mit der Politik. Schon aus Eigeninteresse der Versicherungswirtschaft überlegen wir, mittel- und langfristig eine Versicherungslösung anzubieten. Aber bevor das vorstellbar ist, müssen eine ganze Reihe von Voraussetzungen erfüllt sein. Die Haftungsmodifikationen, die derzeit im Gespräch sind, sind sicher ein Schritt in die richtige Richtung, aber dürften noch nicht ausreichen, um eine Versicherungslösung greifbar erscheinen zu lassen. Gegenwärtig ist es noch zu früh, um einen Zeitpunkt zu nennen, wann der Ausgleichsfonds durch eine Versicherungslösung ersetzt werden könnte. Erst müssen wir die geplanten Haftungsmodifikationen im Einzelnen kennen. Auch sind weitere Untersuchungen notwendig, um gesicherte Erkenntnisse zum Auskreuzungs- und Vermischungsverhalten der gv-Pflanzen zu erhalten.

bioSicherheit: Vielen Dank für das Gespräch.

Koalitionsvertrag der Bundesregierung (CDU/CSU/SPD) vom 11.11.2005

Textauszug:

8.9 Grüne Gentechnik verantwortlich nutzen

Die Biotechnologie stellt eine wichtige Zukunftsbranche für Forschung und Wirtschaft dar, die bereits weltweit etabliert ist. Der Schutz von Mensch und Umwelt bleibt, entsprechend dem Vorsorgegrundsatz, oberstes Ziel des deutschen Gentechnikrechts. Die Wahlfreiheit der Landwirte und Verbraucher und die Koexistenz der unterschiedlichen Bewirtschaftungsformen müssen gewährleistet bleiben. Das Gentechnikrecht soll den Rahmen für die weitere Entwicklung und Nutzung der Gentechnik in allen Lebens- und Wirtschaftsbereichen setzen.

Die EU-Freisetzungsrichtlinie wird zeitnah umgesetzt und das Gentechnikgesetz novelliert. Die Regelungen sollen so ausgestaltet werden, dass sie Forschung und Anwendung in Deutschland befördern. Dazu ist es unverzichtbar, gesetzliche Definitionen (insbesondere Freisetzung, in Verkehr bringen) zu präzisieren. Die Bundesregierung wird darauf hinwirken, dass sich die beteiligten Wirtschaftszweige für Schäden, die trotz Einhaltung aller Vorsorgepflichten und der Grundsätze guter fachlicher Praxis eintreten, auf einen Ausgleichsfonds verständigen. Langfristig ist eine Versicherungslösung anzustreben.

61

Krotzky, A.: *„Stellungnahme der Deutschen Industrievereinigung Biotechnologie zum Entwurf eines Gesetzes zur Neuordnung des Gentechnikrechts"*

Textauszug:

Den aktuell diskutierten Ausgleichsfonds lehnen wir ab. Zusätzlich zu den von der Bundesregierung geäußerten Bedenken, möchten wir folgendes ergänzen:

a) Entschädigungs- oder Ausgleichsfonds sollen Ausgleich schaffen in Fällen, bei denen das geltende Recht entweder keine Ersatzpflichten bestimmten Personen zurechnet oder eine solche Zurechnung nur unter Voraussetzungen vornimmt, die aus der einseitigen Sicht der Betroffenen als unbefriedigend angesehen werden. Sie sind daher Instrumente zur Überwindung der tradierten Wertungen des geltenden Rechts. Sie sind häufig Ausdruck einer Geisteshaltung, die nicht mehr bereit ist, allgemeine Lebensrisiken zu akzeptieren (Inkasso-Denken).

b) Entschädigungs- oder Ausgleichsfonds verzichten auf das Zurechnungskriterium der individuellen Verursachung von Schäden. Ein sorgfältig handelndes Mitglied des Kollektives der zur Fondsfinanzierung Verpflichteten muß durch seine Fondsbeiträge für jemanden einstehen, der unsorgfältig handelt oder sogar vorsätzlich Beeinrächtigungen Dritter herbeiführt. Solch eine Haftung für das Unrecht anderer ist willkürlich und bedeutet die Aufgabe des Verursacherprinzips und seiner präventiven Wirkungen.

c) Eine „Solidarhaftung" baut Verantwortungsbewußtsein und die Beachtung von Sorgfaltspflichten auf Seiten potentiell Geschädigter ab. Das Bewußtsein, daß Entschädigungsmittel bereitstehen, fördert durch Bequemlichkeit hervorgerufenes allgemeinschädliches Verhalten.

KWS SAAT AG: *„Kernposition der KWS SAAT AG zur Novellierung des Gentechnikgesetzes"* vom10.6.2004

Textauszug:

Kernpositionen der KWS SAAT AG
zur Novellierung des Gentechnikgesetzes (GenTG)

im Zusammenhang mit der Öffentlichen Anhörung
des Ausschusses für Verbraucherschutz, Ernährung und Landwirtschaft
am Montag, den 14. Juni 2004

Die Kernpositionen der KWS in bezug auf die laufende Novellierung des GenTG zur Umsetzung der Richtlinie 2001/18/EG sind:

- Haftungsregelung

Die KWS lehnt die im Gesetzentwurf der Bundesregierung vorgesehenen Haftungsregeln in dieser Form aus folgenden Gründen ab:

1. Die Definition der „wesentlichen Beeinträchtigung" belastet einseitig die Nutzer der Gentechnik und schreckt damit von der Verwendung gentechnisch veränderter Pflanzen ab. Dies ist mit dem Gleichheitsgrundsatz des Grundgesetzes und auch mit der Freiheit des Warenverkehrs nicht vereinbar (vgl. Rechtsgutachten von Prof. Dr. jur. Matthias Herdegen, Universität Bonn).
2. Die im Gesetzentwurf enthaltenen Regelungen einer verschuldensunabhängigen gesamtschuldnerischen Gefährdungshaftung sind in dieser Form bedenklich.
3. Die verschiedentlich vorgeschlagene Lösung einer Entschädigung über einen Haftungsfonds wird abgelehnt.

TRANSGEN: *„Mehr Allergien durch Gentechnik"*

Textauszug:

Mehr Allergien durch Gentechnik?

Die Befürchtungen sind weit verbreitet: Wenn mehr gentechnisch veränderte Lebensmittel auf den Markt kommen, dann wird es zu einer weiteren Zunahme von Lebensmittelallergien kommen.

Nicht nur das: Allergiker sorgen sich, dass es für sie künftig weitaus schwieriger werden könnte, jene Lebensmittel zu vermeiden, in denen "ihre" Allergene vorkommen. Wenn erst Fischgene in Erdbeeren eingebracht werden, dann sind Erdbeeren eine versteckte Gefahr für Fischallergiker - solche Horrorbeispiele sind zwar oft zu hören. Aber mit der Wirklichkeit haben sie wenig zu tun.

Werren, D.: *„Agro-Gentechnik: Ist Koexistenz unter pflanzenbaulichen Gesichtspunkten möglich?"*.

Textauszug:

4 Fazit

Vor allem im Hinblick auf die räumlichen Aspekte der Koexistenz ist deutlich geworden, dass insbesondere in kleinräumig strukturierten Landwirtschaften, schon allein aufgrund der zu treffenden Absprachen der Landwirte untereinander sowie der kaum einzuhaltenden Isolationsabstände, eine Koexistenz auf Basis von Schwellenwerten, zumindest für Pflanzen mit hohem Auskreuzungspotential, schwer bis nicht zu realisieren ist. In großräumig strukturierten Landwirtschaften ist eine auf Schwellenwerten basierende Koexistenz in pflanzenbaulicher Hinsicht wahrscheinlich machbar. Die Frage ist nur für wie lange. Denn erstens stellt sich die Frage, wie Sicherheitsabstände zu wildwachsenden verwandten Arten realisiert werden sollen und zweitens ist Dreh- und Angelpunkt für eine Koexistenz das Saatgut. In Bezug auf die Reinhaltung des Saatgutes machen die angeführten Studien deutlich, dass eine langfristige Reinhaltung nur mit Sicherheitsvorkehrungen, die weit über diejenigen, die für den kommerziellen Anbau als notwendig erachtet werden, hinausgehen möglich ist. Das scheint nur innerhalb von großräumig gentechnikfreien Gebieten zu realisieren sein. Aber selbst mit einer großräumigen geografischen Trennung wird eine 100 %ige Reinheit insbesondere aufgrund der Insektenaktivität nicht gewährleistet werden können. Dennoch sollten alle Kräfte gebündelt werden, um möglichst zahlreiche gentechnikfreie Zonen zu schaffen.